文經社

文經社

文經社

文經社

文經親子文庫

D10001

怎樣教好1～2歲孩子

教育心理學家 品川不二郎 & 兒童心理學家 品川孝子 著

文經社

目次

第5章 語言與溝通

第1章

吃飯，學來的生活習慣

想吃東西，啟蒙的好時機

雖然有人說，吃飯只要愉快、好吃就好，但這並不表示吃飯不必在意用餐禮儀，因爲如果小孩養成了一種旁人無法認同的餐桌禮儀，恐怕長大以後也很難快快樂樂地吃飯。

吃飯這件事打從出生之後就開始，且因食慾的驅使，是一種較易養成的習慣；雖然容易記住，但就算是大人，也會由於肚子餓，而放任用餐禮儀。所以若認爲終究能學習就隨他慢慢來，反而可能因爲一開始的基礎不穩，而事倍功半。

訓練小孩一歲以後的用餐禮儀，其實應從零歲就開始準備。

大人千萬不要不管小孩有沒有食慾而機械性地餵奶，或者小孩一哭就塞給他牛奶——毫無斷奶計畫，漫無目標，當然無法讓小孩養成良好的習慣。

飲食發展「基準」是參考

能看出小孩子自己想吃東西，快的要一歲三個月，慢則一歲六個月，這時候的小孩很喜歡自己拿碗或湯匙要大人餵他吃，於是大人有時候會覺得很煩。換言之，當小孩表達出自己對食物的關心與慾望時，差不多就可以開始教他自己吃飯了。

以下是一般的飲食行爲發展基準：

◎一歲半　想拿碗喝湯；將湯匙插食物中，再吃附著在湯匙的東西。

◎二　歲　可以一隻手拿碗，另一隻手扶碗。

◎二歲半　開始雙手拿筷子、湯匙或茶杯。

◎三　歲　可以用筷子吃飯，而且不太會弄倒，會說「開動」、「我吃飽了」等用餐的招呼語，並與家人一起吃飯。

◎三歲半　不需幫助，能夠自行吃想吃的東西，吃飯的時間約二〇～三〇分鐘左右結束。

這個基準只是平均值，實際上和你的孩子一定會有出入；而且大人往往會期待小孩能快點自己吃飯，而忘記以上的基準。就算是設定目標地來訓練小孩，能按照你的期望進行的很少，因爲無論那個小孩都會因爲挫折、停滯而退步。總而言之，一、兩歲的小孩吃飯的問題可多著呢，大人一定要有耐心。例如：

一歲的小孩自己吃飯的慾望很強，但技術還不夠成熟，常常打翻牛奶，又用手去玩潑在桌上的牛奶；或是把吃下去的食物挖出來看或亂丟，看了眞教大人發火。如果無法停止這些行爲，每次吃飯大人和小孩的戰爭就永不停止。

也有的孩子進步很快，已經能一個人吃飯，但睡覺的時候還是要抱著媽媽的胸部。小孩子當然會想摸媽媽的胸部，但如果還想要吃奶，表示還沒脫離嬰兒期的習慣，就不能說已經斷奶了。

兩歲的小孩吃飯時還會遇到另一個危機，那就是隨著第一個叛逆期來到，他會對吃飯很有自己的意見，有嚴重的偏食、挑剔。這時候孩子吃飯希望自己來，討厭大人在旁監督，因此大人就要對他說「你吃了一半之後，我才過來」、「媽媽在那裡做事，有事的話就叫我」等言詞，保持有點遠又不會太遠的距離。

在這個年紀的小孩還愛吃點心，往往可能影響正餐的食慾，因此讓小孩了解正餐、點心的規矩是很重要的事。

到了三歲之後，吃飯的問題就會好轉，大人一定要忍耐，等待這段好時光的到來。

教吃飯也要用方法

要讓吃飯的教育順利推行，必須考慮到下列種種條件：

＊不要錯過適當時機。

例如，如果你因爲小孩老是在哭就不斷奶、或小孩常常會打翻就不讓他自己吃飯的話，就算他自發性地想自己吃飯，也失去訓練的機會。

＊一至兩歲的小孩手脚運用還不靈活，不要太早有太高的要求。

這樣會奪去小孩自己吃飯的意願。可是大人必須示範正確的方法，不要一直說「不行」，而是要說「像這樣」「如果這樣就很好喲」，效果將比較好。

＊大人不可一直盯著小孩、神經質地亂指示。

小孩的食慾和感情狀態有強烈連結，盡量不要讓他有壓迫感，使其自由輕鬆地吃飯。

＊只要有一點點進步，就要表現得很高興，讓孩子有自信，提高往後忍

受困難的能力。

＊準備好用的餐具、桌椅、圍兜等。

由於小孩常會摔破東西，所以高價位的餐具就請收好吧。

＊用心料理、擺飾餐桌，可以挽救小孩的偏食和食慾不振。

不要壓著小孩逼他吃，而是想想如何讓他想吃。

＊正常的作息、健康的生活是維繫小孩食慾的重要因素。

注意不要讓小孩運動量不足、睡眠不夠、精神被打擊等。假如沒有上述原因，你沒有必要因爲小孩食慾變化就六神無主，而被他左右（這是很不高明的處理方式）。

斷母奶，決心要夠

對於二、三個月大的嬰兒來說，母乳是他全部的食物；不過當體重超過七公斤或滿四個月大之後，只靠母乳在量與質上就略顯不足，並不是好現象。因此，早則在四、五個月，慢則在六、七個月就必須斷奶，通常稀飯在六個月、軟飯在一歲左右就可以開始餵食。

始終抱著母親胸部的小孩，會有肚子飽飽的感覺，而喪失吃飯的食慾，心理上則會養成依賴心和難以獨立，另一方面母親亦無法從餵奶的身心負擔中解脫。

還有一種狀況，雖然一再進行斷奶，但事實上卻一直不能劃上休止符，稱之為「不完全斷奶」，這應該是大人決心不足所造成。雖說如此，當小孩吵著要奶時，也不要對他不理不睬，因為乳房對小孩是最有魅力的東西，突然失去會讓他萌生不安全感。

＊請先檢討小孩現在飲食的營養及熱量是否足夠。因爲如果媽媽太忙而有餵食不足的情況，小孩就會想要吃母乳。

＊請注重副食品料理。小孩不想吃副食品，當然會想吃母乳。

＊不要怕小孩胡攪蠻纏。孩子一天之中的情緒一定會有所波動，讓他去，不用擔心；即使哭了，只要帶他去走走、拿玩具給他玩，就會改變他的心情。

＊小孩哭的時候，不要給他乳房，想想別的辦法，譬如抱抱他、拍拍他的背、唱歌給他聽、給他奶瓶等，無論如何就是不要給他乳房。

＊由父親或家中其他成員代替母親暫時照顧孩子，他就不會一直賴著要乳房。可是應先讓家人理解不完全斷奶的壞處。

慢慢戒掉奶瓶

雖然每個小孩不同，但比較特別的類型是剛出生時就想要用杯子喝牛奶的，其後他們好像會對杯子失去興趣，過了一歲半後，反而很想用奶瓶喝奶。很多小孩儘管兩歲或戒掉奶瓶了，仍會懷念過去的習慣，想再使用奶瓶，或是突然想念奶瓶等。

無論如何，就算孩子不能全盤接受杯子，也不用擔心。寧可小孩先能熟練地使用奶瓶，並準確地吃到必要的分量；兩歲以後，再慢慢讓他習慣杯子。

先把牛奶改爲副食

開始學習吃飯的時候，如果大量用奶瓶喝奶，將會阻礙其他的飲食，所以最好是在吃完飯後才使用奶瓶——剛滿一歲時，早上、下午各一次；一歲半左右時，時間調成早餐後和晚餐後各一次。若你的小孩是容易感到寂寞而鬧彆扭的類型，就在晚餐後、睡覺前，讓他喝瓶牛奶，安定情緒好入眠；若你的小孩是好動、容易口渴的類型，則下午睡午覺的時候多給他一瓶。

奶瓶只裝牛奶

假如奶瓶裝果汁、茶的話，就會很難戒掉奶瓶。換言之，當你要給他喝其他飲料時，就放在杯子吧，如此一來，小孩會有「奶瓶只放牛奶」的印象。

吸引他用杯子

大人不要急著禁止小孩用奶瓶。這樣的態度反而會讓小孩對奶瓶產生執著。

與其如此，不如將好喝的飲料放在杯子裡，而且必須是他喜歡的顏色和模樣以引起他的興趣。此外，杯子要不輕不重，大小正合他的手，讓他好拿握。

食慾不振快快改

兩歲的孩子食慾常常波動，可是大人在小孩有胃口的時候，沒有表現出高興的樣子，但在小孩沒食慾時，卻大聲嚷嚷，於是事情往往就惡化了。

不過，食慾不振對兩歲的小孩而言，非得克服不可，否則會變成長久性的問題。做父母的你，既然無法逃避，就一起來檢討下面的狀況：

＊你有沒有傷害到小孩的情緒

「多少吃一點」、「這樣不會長大」、「給我坐好」等等嘮叨的話難免會傷及孩子的情緒與信心，請避免。

此外，小孩如果有點神經質，也會受到和自己無關的家中爭吵與緊張的影響，所以請尊重小孩的心情。

＊注意點心

兩歲的小孩是很喜歡吃點心的，假如太過在意而完全不給他吃，或在被死乞白賴後只好給他吃，都是不對而滋生困擾的處理。這件事需要家中其他成員的協助。

點心的內容必須注意質與量。莫因不吃飯，就增加點心的分量或次數，如此只會陷入食慾減退的惡性循環；另一方面，吃太多甜食，如巧克力、糖果，或者經常喝紅茶、咖啡等刺激品或飲料，也會喪失食慾。

＊是不是身體不舒服、生活不順

若小孩突然胃口變差，千萬要了解原因，因爲食慾不振可能是疾病的前兆。

生活不規律也會導致食慾不好。所以請注意小孩是否睡眠不足、活動量不夠、生活突然起變化、疲勞等。

＊當他不吃飯的時候

小孩不吃飯時，不要逼他吃，趕快把餐桌收好。孩子也許是因爲吃飯速度太慢，所以不要嘮叨，等待下一次吃飯的機會。

相信我，小孩空腹時，一定會想吃東西。

偏食，就用色誘

如果你聽聽兩歲的小孩對食物有什麼喜好，你一定會覺得吵死了。因為這個階段是小孩味覺開始發達、對食物的知識開始豐富，會明確地表達好惡（「這個我喜歡」、「我要這個」等），對食物的名字也記得清清楚楚，亦即他已經有一點智慧了，所以請不要簡單地搪塞他。

偏食這個現象是成長過程中過渡性的問題，不必特別擔心。

用心烹調

小孩飲食的材料大概和家中其他成員的一樣，因為假如一直特別為了小孩準備，小心可能會養成他的特權意識。

不過仍要注重調理，讓孩子對食物具有好感，而且添加新的食物時，不宜一次全部在餐桌上出現，應該在小孩習慣或喜歡的食物之間出現一種，看看他的反應後再加減。

又如，小孩討厭的食物，即使是極少量，也要和其他熟悉的食物一起出現，這樣孩子的菜單自然會慢慢地增加種類。

顏色、形狀最好清楚分明。最受小孩歡迎的顏色是紅色和黃色系，形狀則是圓形。亂亂的、爛爛的樣子，是不討他們歡心的。

另外，孩子喜歡脆脆的食物，可是要注意——小孩對咬不動的食物往往會直接吞下去。

據說，很多小孩討厭色、香、味過濃的食物。

小量分批給

開始吃飯時，爲了引起食慾，先放少量小孩喜歡的食物在他的碗裏，吃完後再放一點他討厭的食物，但是這時候要預告說，接下來就有你喜歡的食物了，而不能一次拿出所有他喜歡的東西。

小孩在吃討厭的東西時，速度會稍慢，父母不可在一旁說「小寶討厭洋葱對不對」，讓他再度意識到他討厭的食物。

小孩弄髒餐桌，莫生氣

一歲的小孩是從嬰兒蛻變而來的年紀，在吃飯上也不例外，「要自己吃」的心情很強烈，但是技術不成熟，所以弄髒餐桌可說是他們的特徵。自我意識強的男孩更會如此。

在小孩弄髒飯桌的同時，大人如果也希望他漸漸能養成技術及禮儀，就要保持愉快、接受的態度。

事先準備器具

市面上所販賣的小桌子、小椅子未必適合這個年齡層的小孩，你應爲你的寶貝準備他喜歡的桌子和較高的椅子，不要繫上不舒服的安全帶，但不能疏忽安全。

小孩在食慾旺盛的時候，會急得用手抓來吃，所以必須先讓孩子把手洗乾淨，再上餐桌，而且這時小孩會因爲小事發脾氣，因此餐具一定得選耐摔的材質。

另外，小孩當然會弄髒衣服，所以請先準備圍兜。

簡而言之，不要搞壞了小孩自己吃飯的慾望，也不要給他壓力，做大人的只要想好如何面對弄髒的餐桌和地板。

不著痕跡地幫他

在小孩熱情地學習期間，大人唯一的任務就是，不要壓制他的學習慾望，等待時機、不著痕跡地幫助他。

剛開始的時候千萬不要餵他吃，等到孩子累了、膩了的時候，才非常自然地幫他進食即可。

不過，在吃飯的時候，則要防止小孩子頑皮地拿起湯匙或小玩具來弄髒餐桌。

如果大人不在小孩身旁，小孩會把空的餐具往地上丟，所以應盡速將之移到小孩碰不到的距離。

邊吃邊玩只能暫時

邊吃邊玩是兩歲小孩吃飯時很重要的情緒，所以在讓小孩自己吃飯的最初，不要奪走他的這項樂趣；但可不要養成習慣或玩得太過頭，以免破壞孩子胃口，使食慾下降，更可能引起消化不良，產生腸胃疾病，影響發育。

媽媽不跟在旁邊

玩一玩會變髒，如果媽媽在旁邊就會罵人，因此小孩吃飯時，你們最好不要坐在一起，但要保持在視線所及，有時說「好吃嗎」、「好棒喲」——在不造成壓力的程度下和他說話。

不要分散他的注意力

有電視的房間、家人出入頻繁的房間、窗外發生什麼事很快可以看見的房間，都不適合讓這年齡的小孩吃飯。

要使小孩把注意力放在餐桌，菜就不要一次通通上桌，最好一道一道地上，並告訴他「接下來是……」，再上新菜，孩子比較可能專心地吃。

吃飯時，好動的小孩可讓他拿食物或湯匙，自己將較會妥當地吃飯。

不吃了就收走

當小孩吃下去了卻在玩耍，表示已經吃飽了或是膩了，不要不理他，馬上幫助他，讓他早點從吃飯中解脫，避免養成邊吃邊玩的習慣。

配合寶寶的食慾

這個年齡小孩的食慾是非常混亂的，而大人如果不配合他的食慾，食物往往就變成了玩具。

要讓他想吃，首先不要一次拿出一大堆食物，同時考慮當天小孩的運動量，即一開始先拿出一點點，看看孩子的反應——小孩的食慾大致上會有一定的節奏，有食慾、沒有食慾也可以看得出來。假如他眞是沒有食慾，不要勉強他吃，最好是溫柔地和他說話，引導他吃飯，防止他搗蛋。

訓練兩歲的他一個人進食

兩歲是個什麼都要自己來的時期。很多大人覺得讓他自己做，既花時間，又教人著急，難免給予「好爛」、「髒死了」的評語而不讓他做——這樣只會折損他對事物好奇，並且一開始就錯過小孩想要自己做的機會是很可惜的。其實，只要給他自己做的機會，技巧會慢慢趨於成熟，同時可以培養他的獨立。

有的可以接受上述觀念的父母親可能會期待小孩能很快熟練，不需大人的幫忙，那麼請你們覺悟，小孩進步很慢，不能急的。

接下來提供一些可以引起小孩想自己做的興趣的方法：

肚子餓才吃

小孩肚子還不餓的時候，早早叫他吃飯當然無法好好進食。大人應在他肚子很餓時，才叫他來吃飯。

任何人空腹時，一心就只想吃，用手抓也要抓進嘴巴裡，加上對吃飯期待已久的感覺，孩子慢慢地就會習慣一個人吃飯。

先給他喜歡的食物

食慾通常是因看到喜歡的食物所引起，所以一開始要先拿出小孩喜愛的東西；至於孩子討厭的東西則慢一點再拿出來，而且事先說好「我等一下會幫你」。

另外，因爲是要訓練小孩一個人吃，所以形狀、大小一定要處理成孩子容易進食爲原則。

不要嘮叨

盡量不要在餐桌上批評小孩的吃法，比較好的方式是經常對他表示「媽媽好高興小寶今天吃得眞好」，即使打翻、弄髒也不要抱怨，花點工夫收拾收拾就好了。因此，容易嘮叨的家人最好不要安排坐在小孩旁邊。

適時幫忙

食物在口中咬了又咬，就是吞不下，意謂小孩不喜歡這個食物，餐具亂放表示小孩已經煩了，這時候就是大人出面料理善後的時候，千萬不可要求小孩一定要吃完。

也有一些較大的孩子因爲嫉妒弟妹而想幫忙吃，大人應該用其他的事好好對待、安慰他，不要讓他吃弟妹的食物。

讓孩子上桌和家人吃飯

兩歲的小孩儘管技術生疏，還是可以一個人吃飯，可是和很多家人吃飯，就不只是吃飯技巧而已，還帶有很濃厚的社交意味。

一般兩歲的小孩往往會比較在意別人的存在而忘了自己的飯。於是你和別的家人都吃飽了，只剩孩子一人，偏偏他又開始發脾氣大哭，眞是糟糕！有些小孩比較神經質、看到家人容易緊張，於是吃得慢吞吞。

到了三歲，小孩社交性正式起步發展，雖然也意識到家族的存在，但還是較傾向做自己想做的事，所以一個人吃飯是沒有問題的。換言之，過了三歲，孩子比較可以和家人一起吃飯，而會使用「開動」、「我吃飽了」之類的社交用語。

到了三、四歲，若仍讓小孩一個人吃飯，一旦上幼稚園要集體吃飯時，就會發生問題，所以最好從兩歲開始，慢慢訓練小孩和家人吃飯。

一步一步漸漸來

突然「今天開始和大家吃飯！」，就要他上家族成員的飯桌是危險的，小孩會因爲興奮而弄得亂七八糟，尤其是家中有年齡相近的兄弟姊妹的話更要注意。

剛開始人數要少一點、按照階段一步一步來較好。

兩歲的小孩允許母親在旁邊，但不希望被注意，所以首先是只有媽媽和小孩一起吃，最初爲一天一次（最好在小孩心情好的午餐時間），然後再漸漸增加人數及次數。

小孩吃飯的時候，是很可愛、又惹人憐的，可是假如周圍的大人又是關注、又是安撫、又是逗弄、又給他玩具，是會發生問題的，特別是在剛開始一起吃飯的時候，保持不刺激他的話題及態度是很重要的，且一定要不著痕跡地幫他。

小娃兒有一籮筐自己的規矩

兩歲的小孩常常如此，不必特別擔心，這是一個「講究規矩的年紀」，而且不僅是吃飯，從早上睜開眼睛開始，到晚上上床睡覺他都會有一堆規則（可參照第81頁的「照孩子的特別規矩入眠」）。

這種情形，下午比早上、晚上比下午還囉唆，他先是要求要有相同的圍兜、相同的餐具，然後椅子的坐法、湯匙杯子的放法，第一道菜、最後一道菜，媽媽的位置、作法，到最後整理餐桌的方法，若不達他的標準就會不高興。

這樣難免與做全部事情的媽媽發生摩擦。但此時正是小孩強烈學習生活規律的時候，所以不要責怪他。

小事先確認可行再做

小事你可以先讓孩子確認可行，才給他做，因爲若養成習慣，往往就不容易改變，所以一開始的指導是很重要的，讓他隨便行事，以後要改就難了。

此外，最好選擇從簡單的規則教起。若教兩歲的小孩太難的規矩，大人小孩都累，只是製造發脾氣的機會。

給他新的刺激，降低固執

如果小孩過度固執於一個規矩，有時可以給他新的刺激，讓他轉換心情，防止情況僵化，例如新或奇怪的餐具、在和以往不同的地方吃飯、讓母親以外的人幫忙等等，什麼都可以。

假如家人都神經質、注意小節，小孩也會感染，所以適時調整是必要的。

小孩好像對規矩很感興趣，但大部分的情況是只要不理他，過一段時間之後，孩子自會改變或忘記的。

嘗試用筷子

使用筷子的時間因人而異，一般是在三歲左右。

大致來說，一歲半的時候開始用湯匙，兩歲半可以兩手拿湯匙和碗，三歲吃飯時已經不太會弄翻，到了三歲半就不太需要大人照顧，放給他一個人吃飯。

但是三歲小孩「拿」筷子其實大多是握著，就算教他，也不太能進步。能和大人一樣地拿筷子，大約在五歲之後。

兩歲只是嘗試期

餐桌上同時出現湯匙、叉子和筷子，在小孩剛開始吃、或食慾旺盛、用筷子比較容易吃到的時候，建議他用筷子。

雖然你想讓小孩用筷子，可是不要急著強制他，因爲用筷子吃飯的確比較難，恐怕會讓小孩因而討厭吃飯。

使用筷子是很難馬上學會的，假如你又一直在小孩旁邊囉唆，則會造成孩子的排斥。

多做手腕運動

五歲的時候才能把筷子用得很好，不只是筷子本身的問題，也和手腕的發育有關。

因此，讓小孩多玩能使用到手及手腕的遊戲，使小孩過了五歲之後可快點學會用筷子。話雖如此，可是一兩歲的小孩再怎麼練習，進步怎樣神速，也不可能發達到可以拿好筷子。

不要和別的小孩比較

每一個小孩都有不同的成長方式，和其他小孩比較，只是徒生困擾，譬如，如果對弟弟說「姊姊兩歲就會用筷子了。」弟弟很可能食不知味。

第 2 章

上廁所，在反覆成敗中終結尿片

多誇獎，學得快

我在NHK擔任諮詢時，發現來詢問小孩上廁所問題的人很多，其實大家過慮了，請放心「沒有人不會上廁所的，只是早晚的問題」。

大人神經質地擔心小孩學會上廁所的快慢、能或不能，並和其他的小朋友比較、競爭，得到的只有辛苦而已，因爲生活習慣的養成有一定過程，別無他法。

今天進步神速、明天痛哭流涕，是很平常的事，就算是用盡全力，也只是媽媽的力氣而已，所以不如趁早戒掉「早點學會上廁所的小孩比較聰明」的迷信。

就和吃飯一樣，上廁所不只是小孩的問題，有一大半因素是與大人相關，即大人若篤信不正確的常識，首先需要教育的則是大人本身。

上廁所的行爲「基準」是參考

正因爲個人的差異很大，加上成長的步調變化多端，所以在面對上廁所的行爲基準時，要明白其只是一般的平均數字，更要預想可能有很高的誤差，有時候誤差達一年的小孩也不是很少見，而且這些數字並不能代表停滯、退步、失敗、混亂等實際會發生的問題。

另外，**別人的話不能當作目標**。請想想，將撫育很少小孩的人的話當基準，硬要塞給自己的小孩，是不是一件好事？當作一般的參考，聽聽就好了！

◎四到五個月　飲食和排便的關係比較規律；當孩子較有腰力的時候，可以讓他坐坐馬桶；但是其後規則性會亂掉。

◎八到九個月　飲食和排便又出現規則性，最好每天同一時間、同一地點、由同一個大人替寶寶「噓噓」或「嗯嗯」。這個時期由於慢慢可以理解語言和行爲的關係，所以很有效果。

◎一　歲　孩子常常在排泄之後，才告訴你說要「噓噓」或「嗯嗯」。若孩子按照你所教的做了，就稱讚他、並表現出高興的樣子，小孩也會認眞地要求以後不用尿布。這個階段要注意的是，孩子有時會把手放進馬桶，或撕（抽）衛生紙。

◎一歲半　能預先告知想上廁所，因此白天不再需要尿布，但是很容易尿褲子，大便尤其易失敗。

◎兩歲　會先表示要「尿尿」或「便便」，但喜歡一個人去廁所，並要求大人去旁邊、不希望大人抱他上廁所。

◎兩歲半　有的孩子夜間已不用尿布，可是大部分還是需要。

◎三歲　小便大致上可以自理了。

◎四歲　能夠自己大便，但在玩耍中不小心解在褲子上的也不少。

◎四歲半　會使用衛生紙。

尿褲子了，越罵越糟糕

*隨時保持乾淨，雖有助於早日自理大小便，但千萬要注意不要導致小孩神經質。過度關注會造成小孩對排泄敏感，也會發生「頻尿」的問題。相反的，若只依靠紙尿褲，則會延緩小孩上廁所的意識。

對忙碌的母親而言，這樣的要求或許太過分，但是因大人忙於工作，讓小孩自己上廁所，畢竟不是好事。最好在小孩一至兩歲時，了解他上廁所的次數和時間；若你一直覺得這個工作煩人，一眨眼就可能錯過小孩上廁所的時間，而必須再等下一次機會。

＊正因爲很煩人，所以請保持好心情。抱怨、斥責只會讓小孩不再爲這件事努力；特別是在失敗的時候，千萬不要罵他。「要是尿在褲子上，就要打屁股」是以前的人認知不足才做的事，現代人可不要這麼做，因爲責罵並不能讓孩子了解問題所在，解決之道是大人要配合成長步調訓練他。

有的小孩由於一尿褲子就會被罵，因此乾脆閉嘴不說，進而誤解排泄是不應該的。

＊小孩退步、動搖的時候，父母不能因失望而放棄指導。小孩在學習新的東西時，一定會發生這種狀況，請用長遠的眼光看待此事。

＊小孩尿褲子後來告訴你，一定要對他的排泄事情表示關心（冷淡的態度會傷害到親子關係）。

＊如果爲了預防尿床，常要小孩半夜起來尿尿，不僅小孩，連大人也會得失眠症。一至兩歲的小孩夜間可以用尿布；如果你堅持要叫他起床，請記住最多三次爲限。

＊不討厭小便、大便這些排泄物。假如你不能說出「哇，出來好大的大

便」這樣高興的語氣，就不能讓小孩喜歡大便。

一兩歲的小孩其實無所謂失敗，所以不可從大人的角度一味責罵。

即使學得慢，也不要急

幼兒學習排泄的特徵是看起來好像會，卻又不會。

很多家庭每天都會因爲孩子學習上廁所的成績忽喜忽憂。有個母親說，她的小孩有三件事讓她高興得哭出來，一是學會表演，二是開始會走路，三是不再用尿布的時候。排泄可以自理，不僅是表面的意義而已，對媽媽來說，或許還有我的小孩正在成長的含意。

但是「子女不知父母心」，往往第一天讓父母歡喜，第二天又讓父母嘆息。「一定學得會的，孩子總有一天會不需要尿布的」，一位養育小孩有十年經驗的媽媽說。

會有起伏是正常

小孩的成長是每天進步的，所以就算到昨天爲止，都是早餐過後大便，但今天卻不同，也不是太奇怪的事。這種變化，孩子自己也是莫名其妙，因此當然不是他學了某種技巧的問題。

再者，習慣的養成過程並不是照某一套標準進行的，它會出現（包括）進步、停滯、混亂、退步等變異及動搖。

正因爲成長會有起伏，學會習慣的過程中也會有波折變化，因而不要先設定目標。

以長遠的眼光來看

如果拿今天和昨天比較，那每天都會過得焦慮不安：，請用較長遠的眼光來看，至少和半年前來比較，你將會察覺孩子的進步。

避免無意義的競爭

社區附近常有同年齡的小孩，大人常常會互相比較，但這完全沒有意義，因爲每個孩子有相當的分歧，而且早點學會排泄也不是重大到值得驕傲的事。爲了無謂的競爭而累得不得了，不僅母親可憐，小孩更可憐。

不會說「想尿尿」，是過渡現象

嬰兒在九個月大前後會開始理解特定的語言和行爲之間的關係。所以教導小便的時候之初，先算好時間，用「噓噓的聲音」讓小孩尿尿。一開始小孩常在尿出來之後才告訴你；但是到了一歲半左右，他在尿出來之前就會告知了。

然而，就算進行得很順利，小孩也有很大的個人差異，如果再加上母親忙碌、不能好好注意小孩的因素，就更不能用相同的期待對小孩，也不要著急、熱心地教導他。

「反正怎樣都會學會的」抱持這樣樂觀的想法去進行排泄的教育，比較輕鬆有效。

大人應該估計時間或常看看小孩的狀況。大多數的小孩想尿尿時，會慌

張、打哆嗦、或站著不動，這些是可以看得出來的。但帶他去上廁所的時候，不要太誇張地高興，以免影響孩子情緒。

責罵會造成失敗

神經質地以「是噓噓，不是七七」、「還沒噓噓不能尿」等字眼來責怪小孩，大人、小孩都會很累，可能使你在一怒之下打了孩子，反而導致失敗。

有人說「錯就打」，我是絕對反對這句話。這個年齡的小孩很難理解「打」和「大小便」的關係，就算孩子能了解，可是由於不小心尿出來的小便而遭責罵，只會讓他萌生恐懼感。

與其緊迫盯人，不如穿尿布

如果因爲孩子不會先告知大小便之事，就一直注意著他，倒不如讓他穿尿布算了。夏天讓小孩穿尿布是有點不舒服，但是小孩不太能分辨穿上的是褲子還是紙尿褲，穿上尿布不會馬上有變化，但還是要增加注意尿布的次數。

從一歲半到兩歲的期間，大人一定要有耐心，因爲小孩就是討厭廁所；

再者，當小孩熱中於某事時，常會忘了告訴媽媽要尿尿。你應該主動估計好時間就帶他去廁所。

尿褲子，別斥責或嘲笑

小孩一般約在一歲半左右才會先告知要大便或小便，男孩又有比女孩略晚的傾向。女娃兒比較會看大人的臉色，比較早懂得從大人神色來辦事，而男孩通常只沈迷於自己愛做的事，所以常常會尿褲子。

當你發現時，若說「是誰幹的好事」，不少孩子可能推說是「貓咪」來飾過。原則上大人最好採用「啊，尿了」之類的字眼。

閉嘴，收拾善後

尿了褲子之後，媽媽最好閉嘴，馬上收好。

大多數的人在被斥責之後，會不斷出現失敗感和羞愧感。也就是說，如果周圍的大人加以譏笑或斥責，往往會傷害小孩的自尊心而喪失自信。嚐到這種滋味的小孩，下次尿褲子就不說了。除了收拾清洗的人之外，其他看到的人也要當作沒看見——即使對小孩子也要有體貼的心。

說教沒有作用

「尿了也不說是因爲說了也沒用，可是你還是要說喲，下一次要早一點說。」有些大人仍然會想說教，但對這個年齡的孩子幾乎是沒有用，而且重複這樣的命令，只會讓小孩感到壓力，一旦尿褲子了，也不敢輕鬆地說出來。

培養上廁所的自信

早上起床之後、午睡之後、吃飯之後，固定帶他去上廁所，然後在他做得很好時，大大地誇獎他。這樣小孩自然對排泄有自信心，討厭的感覺漸漸減弱。

尿了之後才說，是一種進步

一歲之前的小孩幾乎是不會告知大小便之事，當他能夠「尿了之後會說」，表示他已進步到某一階段。

可是大人自私的想法往往是「尿了才說，還不如尿之前說」，而小孩的想法則是終於學會在尿了之後想到「啊，尿出來了，糟糕，趕快告訴媽媽。」

這樣的孩子再過六、七個月後，就會在尿之前說了——這之前的階段大人只好諒解。

高興面對孩子的告知

小孩尿褲子來告訴你的時候，一定要顯得很高興，「啊，尿出來了，我們把它弄乾淨吧。」不要有討厭的神情，好好地善後，趕快幫他換掉尿溼的褲子。

不要抱怨「爲什麼不早點說」，如果你保持好心情，小孩就會覺得告訴你是對的，漸漸就學會在尿出來之前告知；也不要扯出「姊姊都怎樣……」之類的話——每個小孩都會有不同的成長速度，不能、也不必與其他兄弟姊妹比較。

責罵是危險的處置

罵他、以後就會早點告訴你，是錯誤的觀念。在這個時期若責罵他，會讓他甚至尿了也不說，你再追問「誰尿尿」，則會推說是小狗旺旺或貓咪喵喵或玩具熊等。

就算不罵他，嘲笑或諷刺（即使無心），也會刺傷他小小的心靈，因此一定要眞心地稱讚他。

保持好心情，趕快清理

小孩來告訴你之後，應該馬上收拾，不能想「反正尿都尿了」、有尿布包著沒關係。

一、兩歲的小孩很敏感，會想自己脫掉濕褲子，到時候更難處理，特別是大便的話，而且濕褲子穿在身上可能養成習慣。自理排泄比較晚的小孩，有時候就是因爲這樣「放任」所造成。

讓小孩自己收拾善後

被媽媽認為「如果尿褲子自己會處理，他就會覺得尿褲子也無所謂」，及**雖然不能做好，卻還是要做——都是兩歲幼兒的特徵。**

這個年齡的小孩會積極地熱中於每件事，可是偏偏在投入於某件事的時候，就會忘了注意尿尿的問題，一想到已經來不及了，於是「糟糕，一不小心就……，眞丟臉。」的心情就來了。

遇到這種失敗的挫折時，媽媽常會誇張地大聲叫嚷「對這個小孩眞沒法子」、「像小嬰兒一樣地羞羞臉」、「你要怎麼辦才好」、「下一次一定要記住哦」。

這些積極的、行動的、自立的小孩就會想「好吧，我自己來收拾」，於是參考媽媽的作法，馬上自己收拾，同時心裏很得意「看吧，我也會。」

不必叫他住手

這種自主性是很重要的事，不能罵他或要他住手，寧可尊重他「自己做的事自己收拾」的態度，認同他「啊，小寶也會呀」，再指導他完整的善後方法——「收完要洗手喲」、「換上新的內褲」。

切忌大吼大叫

尿褲子之後，當他一個人在收拾時，周圍的大人不宜大吼大叫，小孩此時正因爲羞愧和失敗而想躲起來，討厭被罵、被笑。總之，不要忘記兩歲的小孩是「高自尊的年代」。

一玩起來，就不去廁所

小孩終於學會自己去上廁所了，大人以爲總算可以安心了，小孩卻常在很急的時候才去上，於是往往還沒到廁所就尿出來。雖然母親叮嚀「因爲媽媽很忙，所以自己注意一點，不要光顧著玩哦。」，偏偏玩就是孩子尿褲子最大的原因。

小孩在玩的時候，可以不要吃、不要尿，也就是說「正是因爲在玩才危險」。

自古以來，大人總是要求小孩能快點自立，例如，父母都是小孩剛學會站，就希望他會跑。

但沒有幾個小孩能依父母的期望成長，亦即來不及上廁所的問題會一直持續到三歲。

尿尿間隔拉長，尿溼機率高

小孩在兩歲半的時候會因爲玩耍讓尿尿的間隔拉長，女孩更會有這種情形，所以常常就來不及了。**因此當孩子比較久沒上廁所時，大人可以說「走，去上廁所！」，再脫去他的褲子**（脫了褲子之後可以催促尿意）。

最好是適度注意孩子，抓好時間叫他。這時言語要簡短有力如「尿尿的時間到了」、「打開廁所的門」、「接下來上廁所」等來提示他。

尿不出來的時候就讓他聽水龍頭的水流聲，或抱孩子上馬桶，蓋住他的眼睛說「聽一下尿尿的聲音」。

在小孩還不想上時叫他，小孩不會感謝你，反而會造成尿褲子。囉唆、嚴厲的態度只會壞事，或者不斷花精神去關切尿尿的事，小孩更易漏出尿來。

夜裏到底要不要包尿布？

一般來說，兩歲半左右夜晚就不需要包尿布了，不過孩子的差異很大，所以不能只以年齡來判定。

大致上，女孩會比較快學會在晚上起床尿尿，有一些小孩甚至在一歲半左右就會自己醒來。小孩可能會起床後就難以入睡，但一歲半之後就算被叫起來，通常也不會太抗拒。

假如你的孩子很討厭半夜起床，就算起床眼睛也睜不開，可以將這個訓練延後到接近三歲的時候，暫時先使用尿布，可是請記得在三歲生日的時候終結尿布。

因此請先了解你的小孩尿尿的變化情形。

配合你孩子的頻率

尿床有各種不同的情形，有的小孩整晚都不起來也不會尿床，也有的小孩一晚起來三、四次還是尿床。基本上有一個指標，如果晚上九點前尿床過一次的話，接下來就一定要再尿兩、三次床；如果十點之前沒尿床，約有半數的小孩會到清晨才尿尿——若半夜起床尿尿一次，則多半可以預防；如果晚上十二點以前沒尿床，或許小孩就可一直維持到早上。

這種頻率常常會有變化，並不是一直固定。

使他睜開眼睛上廁所

晚上會起來尿尿並不是糊裡糊塗學會的。

不可以因爲上完廁所之後很難入睡，就讓孩子在半醒的狀態下去上廁所，一定要讓他睜開眼睛、知道自己在做什麼才行，同時盡可能使他自己走，養成自立的習慣。

若已經三歲多還起不來，請先用濕毛巾擦孩子的臉蛋，再大聲說「上廁所嘍」，確定他已經起床之後，再帶他去。

我們常常在以爲孩子學會了後發現他又尿床，所以就算拿掉尿布，仍不可忘記預防棉被被尿濕。

討厭馬桶，不必勉強

小孩在一歲三個月到一歲半之間，馬桶使用得很好；但到了一歲九個月常常會沒有原因地不會用馬桶；兩歲時反抗馬桶更有增加的趨勢。原因可能是，一、這個時期的小孩是好動的搗蛋鬼，要他好好坐著對準馬桶，無疑是討厭的事。然後，第一個叛逆期馬上接著到來，大人要他做的事，用一句「不要」來回應是很平常的事（這種態度當然不限於馬桶這檔事）。

有些敏感的小孩對於他坐在馬桶上廁所、別人都看得到，會極度厭惡，甚至可能覺得自尊心受傷害。

不要讓他長時間坐馬桶

媽媽常常因爲不想讓孩子尿褲子，所以要他長時間坐在馬桶上。如此一來，小孩也就討厭馬桶。

小孩坐在馬桶上的時候，有的會大不出來，但一離開馬桶就大出來了，況且越長時間坐在馬桶上，只會更緊張而大便不出來。排泄需要一種解放感，既然大不出來，且讓他先從馬桶上解放吧。

試著讓他自己上馬桶

早上起床時、吃完早餐、吃過午餐、有時候在午睡之後、吃完晚餐後，讓他上馬桶，會比較順利。小孩子解大便的型態可以大致分爲早晨型、午間型、夜晚型，不久就會有一定的節奏。假如他不坐馬桶，也要在固定的地方，輕聲細語說「想上的時候就自己來喲」，小孩逐漸就會自己做了。

習慣大人的廁所

這個階段你可以一步一步讓小孩習慣大人的廁所，但更重要的是先準備好輔助小孩容易上去的道具（請參考下一頁）。

害怕廁所，可以改善的通病

怕廁所的小孩意外的多。廁所門一關起來，人就好像被關在一個密閉的空間裏面，小孩子當然會想逃出這個可怕的地方。

一歲半以上的小孩在排泄、吃飯等場合，很討厭被大人監督，因此他常說「在外面等嘛」。事實上他是希望你的幫忙、卻不要你看到。

安全感最重要

首先一定要給他安全感，例如說「媽媽在這邊等，沒問題的」，而且中途你不要去別的地方，否則孩子會無法安心尿尿，所以請好好等到他出來——消除恐懼感就會像撕一張薄紙那般容易。

不批評小孩的恐懼

不能說例如「怕就沒辦法嘍」、「膽小鬼」等帶給他恥辱感的話。假如他覺得羞恥，就會老是在廁所外面尿尿。

換言之，如果他上廁所，而你給予稱讚的話，可以給小孩信心，提高喜歡程度。

動動腦，廁所變可愛

父母也要用點心思讓廁所成爲小孩喜歡上的廁所。

如在廁所內加上可以握住的橫桿，或是加強照明設備、更換壁紙。其他如，設個置物架，放上他喜歡的布偶，或裝一個叫媽媽的電鈴等。多方面地動動腦筋吧！

小孩只需要一點點改變就會轉換心情，但是萬一他還是很討厭廁所的話，則可以將兒童專用馬桶裝在廁所入口處。

第3章

睡覺，從規律到混亂，不斷在變

一歲半後，睡眠小天使變成小惡魔？

睡覺是嬰兒哇哇墜地後就會的一個習慣。

健康的寶寶就算家中有日常發出的聲響、在黑暗的地方，也能養成一個人睡覺的習慣。

容易失敗的是，媽媽總是隨侍在側，或從沒讓他在黑暗的地方睡過，或是小孩一哭就長時間在一旁陪著睡，這樣會養成習慣。雖說如此，小孩一有壓力自然就會死命要求媽媽鑽進棉被一起睡，對他來說這是一種鎮定劑，此時陪他一會兒無妨，不用固執地不跟他睡。

和成長無法同步的睡眠危機，早則一歲半、慢則兩歲半時就會出現。

小孩在嬰兒期所養成的睡眠習慣，開始蛻變成令人頭痛的習性，有的小孩是睡眠時間不定，有的小孩逃避睡覺，有的小孩睡到半夜起床玩耍，有些小孩開始討厭午睡，大人若仍認眞地要他睡覺、全部依照以往的規矩，似乎有點愚蠢。

成長或許就是原因之一。成長讓小孩生活的步調起了變化，於是過去的睡眠習慣不對勁了，可能會每天換一種型態，東換西換之下，還沒有明顯的進步，卻讓孩子的生活失去平靜、每天很忙。有人表示，可以嘗試新的遊戲，讓小孩學會珍惜睡眠時間；不過在這同時，小孩往往由於陷入興奮狀態而妨礙入睡。

有的大人堅持小孩回到嬰兒期的舊習慣，完全違背成長的潮流；有的大人則對小孩回到嬰兒期的習慣完全死心，取而代之的是，要求小孩快點長大。但是小孩根本不理大人的焦慮，繼續在變化和混亂，在成長路上緩慢的行走；其實如果大人能正確了解這時期的小孩的睡眠狀況，訂定合理的計畫，麻煩事就會大爲減少了。

睡眠時間約需十二小時

由於小孩這段時期的睡眠很混亂，若太拘泥於一個標準時間，只會讓你自己更加不安，尤其是不把小孩打瞌睡的時間算進去，只計算夜晚睡覺的時間更是沒有意義。

一至兩歲小孩的睡眠時間包含午睡，全部應在十一至十二個半小時之間，和食慾一樣，也會因人而有很大的差距，而且小孩在兩歲前後本來睡眠時間就有很多的變化，所以有點不一樣時不需太擔心。

注意孩子的健康狀態

身心健康的小孩比較能保持安定的睡眠狀態，生病或情緒上不穩定的時候，睡眠難免產生變化，這不僅是睡眠時間，也包括睡眠品質。睡眠時間短但熟睡的話，就是睡得有效率，不必憂心；比較要留意的是，身心狀況不佳時，就會不想離開床鋪，而長時間賴在床上，但卻不是熟睡的狀態。

過規律的生活

吃飯、排泄、遊戲、運動、外出等等生活作息，假如混亂、不規律，睡眠時間當然就跟著多變。可能的話，一至兩歲的幼兒盡量讓他過著規律的生活。

搬家、旅行等暫時性變動，也是小孩睡眠時間變來變去的原因。

配合他的步調

因爲成長中的小孩生活步調改變很明顯。對生活沒太大變化的大人來說，就會覺得小孩每兩三個月變一次。睡眠時間也是會變化的生活步調之一，無視於這個現象是不能教好小孩睡覺的。

即使多變，整體的睡眠時間並沒有太大變化的話，就不必神經質地大驚小怪。

晚歸的父親不要來打擾

常有晚歸的父親想看看孩子的笑臉，或小孩聽到爸爸回家就爬起來，於是睡眠被干擾了。要和一兩歲的小孩相處應該在他醒著的時間。

小孩晚睡，常因大人的影響

現在是一個「晚睡晚起」的時代，小孩也受到了大人的影響。

小孩的生活會因爲成長而有所變化，因此不能希望小孩一直是同一個步調，就寢時間若沒有很嚴重的混亂，就沒有必要神經質地胡思亂想。

大人若一味自限於就寢時間，對弟弟吃醋的老大，可能會以不睡爲手段，來得到大人的關心。

讓他滿足

一整天媽媽都陪著小嬰兒，老大只能一個人玩自己的，像這樣沒得到滿足的小孩是不會上床睡覺。所以在小嬰兒睡了之後，媽媽應好好和大孩子相處，給他滿足感——心有不足是不能睡著的，而且小孩常常會有大人醒著、自己就要醒著的情緒。

白天動個夠

白天玩得不夠、還有剩餘精力的話，晚上就不太能睡。因此可針對小孩的體力，設計一些白天的運動，而且午睡不能睡太久（睡太久會發生問題的）。

減少身心刺激

給予小孩他還不能喝的咖啡、茶等刺激性飲料，不僅妨礙睡眠，還會因興奮而焦躁不安。再者，憤怒、悲傷、恐懼、嫉妒等精神上的刺激，也會造成幼兒不能睡覺。

生活當然不可能風平浪靜，但至少請不要在晚餐後給他刺激。

能夠安心的氣氛

大人津津有味地看電視，或爲了自己要出門而讓小孩早點睡等等，道「晚安」時就會有點勉強，也就是說，大人的情緒會敏銳地影響到小孩。

總之，就寢時盡可能給他平靜、安心的環境。

就寢前不可太興奮

不玩一下就不睡，是這個年齡的小孩常有的事。通常他的玩伴是爸爸或哥哥、姊姊，媽媽反而是監督者的角色；無論如何，小孩與爸爸、哥哥或姊姊玩的時間，除了睡前幾乎是沒有，所以此刻最好給他心理上足夠的時間。

可是，就寢前大吼大叫，興奮得導致很難睡覺，就要想想其他的辦法了。

白天盡情玩耍

如果白天媽媽禁止小孩好動，那孩子發洩精力的時間剛好就會是爸爸回家的時間。因此在白天就給他充分玩的時間，而媽媽不妨多多當他的玩伴。洗澡也是一個開心的活動。

午睡恰如其分

小孩午睡的話，媽媽通常會比較安心，因爲可以趁此時機做些事情。但請讓小孩的午睡適量就好，否則可能導致他晚上愛玩而不入睡。

做好小孩的睡前玩伴

孩子和爸爸玩騎馬玩得興高采烈時，往往會疏忽了——做爲他的玩伴並不一定要大吼大叫，不得已要與小孩大玩特玩時，也以短時間爲宜。

在睡覺前只要還有時間，可以和他說說話、帶他散散步等。興奮已經退了的時候，說話的聲音若愈來愈小，會很有催眠效果。

媽媽一起遊戲

媽媽其實不應是睡前的旁觀者或監督者，應該盡可能地一起度過快樂的時光，而且媽媽加入的話，遊戲方法上就會比較女性化一點，漸漸偏向較安靜的種類，讓小孩心情平靜下來。

大部分的小孩只要上了床，多半希望陪伴的是媽媽。

要人陪他睡，偶爾爲之

白天很寂寞的小孩，越到要睡覺的時候，常常越會覺得寂寞，恐懼將有可怕的夢，特別會要求大人陪他睡；這時大人假如馬上決定和他睡，就可以解決問題，特別是從嬰兒期就一個人睡的孩子，更能迎刃而解。

在此要討論的是，如果長期陪著睡而變得依賴大人的話，就不容易改掉；可是爲了要不要一起睡，每晚持續出狀況，搞亂重要的就寢前時光，也有必要斟酌。

「長大了每個人都是一個人睡的」清楚果斷地教他，以此爲目標，每天進步一點點即可；要求一步登天，小孩太可憐、也做不到。

明確地宣告約定

如果小孩撒嬌要你陪他睡，你應該同時告訴他：「今天和你睡，不過從明天開始要自己睡。」表示和他睡不是你期望的事，是特別例外允許的。就寢前若為這個爭論不休，會讓大家都睡不好。

有時可以說「但是你睡著了，我就要回到我睡的地方去了」，先告訴他，免得小孩醒來，原以為一直陪著他的你竟然不在身旁，而大吃一驚或嚎啕大哭。

說故事、唱兒歌也是陪

如果不想一起睡，可以找一些能夠彌補小孩寂寞、匱乏感覺的方法代用，例如「我不和你睡，我可以說故事給你聽」，握住他的手，說幾個生動柔和的童話故事，或「讓你當小 baby」輕輕地搖啊搖、拍啊拍，一邊唱兒歌，也很好。

這時陪他的當然不限於母親，而且反而父親比較適宜，因為孩子對父親較不會發生耍賴、黏膩的問題，再漸漸讓他一個人入睡。

白天多多呵護他

白天沒有被好好對待的小孩，到睡覺時就會要求有人陪他睡。

有一個例外情況，媽媽如果是職業婦女，且往往在小孩就寢前才回家，就同意孩子的要求吧！

吮手指，以新鮮玩意來取代

吮手指大致會隨著成長、生活起了變化之後而戒除，即使最糟的情況也會在國小的時候因爲覺得不好意思而戒掉。

小孩白天邊玩耍邊吮手指，可能有衛生上的困擾；但在晚上睡覺的時候，就可以先把手洗乾淨再讓他吸吮。

斷奶後，對媽媽乳房的依戀還很強，於是在覺得無聊、彆扭時，就開始吮手指，特別是在一歲三個月左右。關心教育的母親會神經質地想「孩子是不是欲求不滿」。其實這尙不至於隱藏危機，因爲吸吮是孩子在嬰兒期最快學會的經驗。

但是下列幾點仍是值得注意：

太早就寢卻無睡意

午覺睡得很飽，在晚上睡覺的時候不太睡得著、卻早早被趕上床的小孩，會因爲太無聊而吸吮手指，因此等小孩有睡意之後才讓他上床吧。

同樣的，午睡時小孩吮手指的話，也是太無聊之故，不如大人加入其中，與小孩玩個遊戲來防止。

以其他方法引開他的注意力

要和布偶一起睡，枕頭要怎樣、燈要怎樣、門要開還是關——這個時期的小孩有很多睡覺的要求，如果這些東西與儀式讓他喜歡或引開他的興趣，許多孩子很快就忘記吮手指了。

千萬不要爲此責備他，你可以把他的手指拿開、說「看，你喜歡的熊寶寶，給你」等簡單的話，來引起他注意。

變換床邊陪伴對象

如果以往都是媽媽在睡前陪他，有時候多多少少會覺得膩，偶爾換爸爸陪也很好——被爸爸的大手握著，孩子會很有滿足感，或是邊唱兒歌、邊說故事，也是一個方法。總之，就是不要老套。

踢被，就用肚圍和睡袋

小孩不會翻身、不會爬行的時候，棉被、毯子比較可以蓋得住，但到了運動機能發達的一歲之後可就不行了。睡相差、睡醒和睡時的身體相反方向只是程度較輕的，有的小孩厲害到不知何時睡到別的房間去了——這種情況父母就容易睡不好。

除了安全，父母還擔心孩子是否因而著涼，於是會想讓小孩穿多一點再睡覺，一來不會覺得睡不舒服，二來即使小孩動來動去或翻來覆去，還是像蓋著被子一樣。但是據說**睡覺時讓小孩穿太厚的衣服，容易流汗，反而容易感冒或降低抵抗力**。

解決方法很簡單，就是再怎麼翻也不能踢掉的「肚圍」（夏天）和「睡袋」（冬天），有了它們，父母就可以安心睡覺。

「兒童用睡袋」，款式多少會有不同，但是袋狀、頭與手可伸出的樣式較好。如果能在下襬製作一個拉鍊，小孩睡了之後拉上會更保暖。適當的寬度就好，寬度大到在翻身的時候會形成縐折就不太理想·，長度要有三十公分左右的餘裕較好，孩子脚的伸展比較舒服。睡袋不見得要裝棉花，也不需要厚重的質料。(在寒冷的季節裏，睡袋上可再蓋上輕的被子。)

進入睡袋之後，小孩就比較不能搗蛋了。

白天嚇到，半夜跳起來哭

半夜跳起來哭叫，叫也叫不醒來，隔天問他完全一無所知，這樣稱爲「夜驚症」；另一種情形是眼睛張開、一有知覺就可以壓抑住的，做「噩夢」或「睡迷糊」。

上述兩種情況在成長過程中並不少見，有的到了國小中年級以後才不再發生。探究原因發現，白天的恐懼或驚嚇在晚上入夢來，身體不健康的話，情況越明顯，所以先不管眼前的驚嚇，應就長期方針來強化身心健康才對。

保護過度害了孩子

一直都在家中和大人玩，偶爾到外面去，接觸到強大的刺激，就會產生驚嚇，有時可能和夢連結。因此，不要太保護小孩，**讓他多多在戶外玩耍、運動**。

特別是大人太神經質的話，會養育一個對萬事都沒有抵抗力的小孩，只要一點點事就會受到驚嚇，而產生恐懼感。

刺激不要太強

可是，對一至二歲小孩的玩耍還是要有限度，否則突然讓他接受粗魯的玩法，可能遭遇強烈的刺激，反而開始「夜驚症」。

例如兩歲的小孩對別的小孩很感興趣，但還不會和「朋友」玩，你忽然讓他加入很多人的團體，將會使他萌生恐懼，因此妨礙了夜晚的睡覺——晚上突然跳起來哭泣。

輕輕弄醒孩子

當孩子半夜哭起來時，先放鬆他的身體，用濕毛巾擦擦他的臉，使他醒來。**因爲如果讓他繼續睡，只會使他持續恐怖的夢。**

睜開眼後，讓孩子判斷附近的狀況，安心之後再睡覺。假如他記得住夢的內容，你就慢慢聽他說，做爲白天行爲的參考。

早起非壞事，只怕與爸媽作息差異大

睡眠的狀況會有很多變化，小孩有早起的習慣也不見得會一直持續，而且未必是壞事；但是若家中很多人常常晚睡又晚起，小孩太早起床或許會變成問題。

減少午睡時間

午睡以下午一次一小時為宜。

早上睡覺的時間就跟他玩，或帶出去散步等——只要給他新的刺激，十之八九會讓他忘記睡覺。

但如果下午沒有午睡，反而會讓他晚上更早睡。下午睡了一或一個半小時左右，你就可以出聲將小孩吵醒——打開音樂，小孩的心情會比較好；直接把他搖醒，反而會讓小孩不高興。

避免太早上床

晚餐早點吃，吃完晚餐後和大人一起玩，玩相撲、騎馬或洗澡會讓小孩興奮一陣子不想睡覺。只要一無聊就會想睡，所以一定要想一些遊戲讓他不想睡。萬一還是沒效果，最後一個手段就是在晚飯後給他淡淡的紅茶，但是可別養成習慣。

給早起的孩兒玩具

小孩倘若眞的早上很早起床，要他勉強再睡，是不可能的，乾脆趕快帶他去上廁所，然後給他一個人玩的材料——你可以把不吵你的玩具放在某個安全地方，「找找看放在哪裡呀？」這樣到小孩玩膩之前，都不致發出太大的聲音，大人又可以趁機小睡一下。

兩歲幼兒討厭午睡

一歲左右的小孩午睡比較不會有什麼麻煩，多數是有獨特睡覺的方式，如有的小孩會吵鬧一會兒，有的小孩會無精打采，有的小孩會脫襪子，有的小孩要先玩玩具等等。

然而，兩歲的小孩睡午覺就有很多問題了，如不太睡得著、亂叫大人、醒來後心情不好等。特別是兩歲前後是非常愛去床上玩的年紀，這些遊戲活動力也很強。通常這種混亂的狀態會持續到三歲左右。

加入遊戲的元素

對小孩說，「早點睡」，不管三七二十一就是要他睡，是最不可行的，因為他正在興奮中反而更睡不著。這時不妨加入小孩喜歡的遊戲，例如試著對討厭床鋪的小孩在地毯鋪上棉被，或把許多座墊疊起來像床鋪一樣，或像在飛機上或船上輕輕地搖晃他，讓他睡著。

簡而言之，他就是討厭單調的東西，雖說如此，但如果使用另一個房間，卻會讓小孩的惡作劇更加劇烈，所以還是在往常的睡房裡，稍微給他一些暗示即可。

自然地起床

雖然午覺睡很久會造成晚上晚睡，但並不宜大聲呼叫小孩起床，用鬧鐘或音樂盒的聲音等待他自己醒來比較好。假如小孩睡醒在哭，安撫但不附和他，就不會形成壞習慣。

照孩子的特別規矩入眠

一歲半左右起，小孩在睡前會向大人要求東要求西，好像突然想到很多很急的事非要立刻做不可。這樣的情形最高潮的階段在兩歲半。小孩在兩歲半由於活動力強，加上愛要求的特質，就會有非常多的特別規矩，從早上起床睜開眼開始，到睡覺前是最囉唆的，而且不按他自己的規矩就不接受，又常常在上床前突然想到很多忘記的東西，一直叫喚媽媽。

這是一到兩歲小孩常有的問題，不是特別的事件。

大人不要與孩子拉鋸戰

小孩一定很囉唆，但只要不是惹人厭的習慣，你就配合這個時期的步調吧。

兩歲的小孩開始對生活的規則有高度的關心，堅持要從遵循規矩中學習，大人索性就教給他自己喜歡的方式，告訴他「這樣做比較好」。如果小孩非要固執某一個不好的方式，可以給他新的玩具，讓他先轉變心情。

陪他完成規矩

小孩在進行他的規矩中，媽媽是不能離開的。如果妳在中途溜走的話，睡覺的規矩就必須重頭再來一次，否則孩子是不會安定下來的，因此家人這個時候不要叫喚媽媽。媽媽依照順序做到最後一個步驟之前（如親吻或握手），都不能打哈欠——要小孩定下心睡覺，媽媽需先定下心。

爸爸可以代勞

假如媽媽當時分不開身陪他，可以由爸爸或其他家人代替。

有些小孩可以按照大致的方式自己進行然後睡著，對於這樣的小孩或許大人不要出現比較好，但為了不要讓他覺得孤單，房門最好打開一點點。

第4章

穿衣服與清潔，年紀越小越不在意

加入遊戲，輕鬆又見效

五個基本生活習慣中，吃飯、睡眠、排泄等因有生理的需求，比較容易養成；穿衣服和清潔由於小孩自己要求力薄弱，比較難以養成。

大人往往希望孩子在一開始就想要穿衣服或愛乾淨，但小孩自己當然沒有這樣的想法，加上大人訓練的傾向較強，所以會有「大人追著小孩跑」的畫面。

爲了引誘他，必須要有具吸引力的材料，因此就要加入可以快速體驗的遊戲要素。若是想讓他回味無窮，更需要下功夫。

兩歲幼兒喜歡穿衣服

小孩對衣服的注意力在一歲一、二個月大時開始成長，只要大人一叫「穿衣服嘍」，他就會想把要穿的衣服拿過來，穿褲子的時候也會採取比較好穿的姿勢，套袖子時會握拳，讓媽媽較好抓住。大人應該把握這種初萌芽的衣著關心。

◎一歲半到兩歲　由於一個人穿脫衣服非常吃力，多數的小孩因而喪失信心，乾脆光著身體；過了兩歲又會對穿衣服恢復興趣。

◎兩歲半到三歲　有相當多的小孩想要自己穿衣服，討厭大人的幫忙。但並不是一直如此，每天都會有變化，有時像嬰兒一樣撒嬌要大人穿——這時候大人就一邊穿，一邊一個步驟一個步驟地清楚說給他聽；兩歲半左右的小孩還會想自己穿襪子或鞋子（而且大多穿反了，沒關係），自己戴手套、帽子；另一方面對別人的穿著也很感興趣，會幫爸媽把媽媽的裙子、爸爸的襯衫送到他面前。

◎三歲半　自己穿衣服的意願很高。

◎四歲　有的小孩會自己扣扣子、穿褲子。

◎四歲半　會自己穿有袖子的上衣，也會穿長襪。

◎五歲　簡單的衣物大致都會自己穿，也會打蝴蝶結。

◎六歲　情況好的話，全部都可以一個人穿上。

希望小孩養成穿衣的好習慣，一定要配合他的能力，加強所有好穿的條件——如果穿衣的方法太難，是引不起孩子學習的意願。

這時期的小孩活動力強，很容易弄髒衣服，若因而對此採取禁止的態度，不僅會限制小孩的活動，也讓他對穿衣服不再有好的興趣。即使是較小的小孩對色彩也很敏感，並不是穿什麼顏色都好。

清潔教育從「不討厭」著手

清潔的教育稍不注意就會太慢，但又不能太著急。

常可看到太神經質的大人一直說「髒，髒」，小孩也會變得神經質，這將造成一味以大人的水準來要求小孩的現象；相反的問題是，小孩已經有能力做到，大人卻以「不耐煩」、「不會」等理由，不給他練習的機會。難以教育不僅是小孩的問題，大人的想法、態度其實也包含在內。

◎一歲　不少小孩討厭洗臉、洗頭、洗澡，原因都是被水噴到、水跑進去眼睛裡等小事，大人若可以稍加注意就能避免。

◎兩歲　會洗手；入浴時如果能拿肥皂，就會自己洗一點身體——你應盡可能讓他自己洗。

◎三歲　會漱口了。
◎四歲　會刷牙、漱口、洗臉、擤鼻涕。
◎五歲　會梳頭髮、洗澡等。

幫一到兩歲的小孩洗澡時，準備有吸引力的小玩具是很重要的，所以請多少加入一些遊戲的要素。

大人要做與孩子一起玩、一起輕鬆洗澡的伴侶，千萬不可爲了早點整理浴室，就想超越他的程度幫他洗或責罵他。

而且要讓小孩知道——乾淨會使你高興，這對他培養乾淨的喜悅和舒服的心情是很重要的。

先喜歡脫衣服

從發育的順序來看，孩子對脫比穿更早發生興趣，即如果不度過這個時期，是無法培養對穿衣服的興趣，如果你一開始就要求孩子學習穿上衣服，會使他整天把精力放在脫掉衣服上面。

只要文化的種子一播下，小孩就會脫離脫衣服的興趣，往另一個層次前進。

沒有完全防止的方法

爲了不讓小孩子脫，就花精神讓他穿上不好脫的衣服，並不會得到效果的。

防止小孩脫衣服的方法，在一歲半至兩歲之間可說是沒有，勉強設法的話，就只有在寒冷的冬天裏給他穿上又多又難脫的衣物，可是一到大人還覺得微涼的早春及晚秋時分，小孩偶爾還是會脫掉衣服。因此為了不讓他長時間光著身體而著涼，父母親就要多加注意。

培養他對穿衣的興趣

當小孩脫掉衣服之後，不要責備他，這正是培養他對穿衣興趣的大好時機。

你可以對小孩說，「啊，脫衣服了，來，接著把這件衣服穿上。」「對，襯衫，然後毛衣，接下來是襪子」一件件說明清楚地要孩子穿上，別陷入小孩脫、大人穿的磨人循環。這也是成長的一個過程。

不讓他覺得無聊

活動力強、一直動來動去的小孩，比較不會注意到脫衣服的事；與之相較，只是消極地用身旁的材料來玩的小孩，一玩膩了就會想脫衣服，所以有時候可以轉換遊戲的地點、方式，不讓小孩無聊，或許能夠預防。

不會偏要自己穿，就讓他穿吧

小孩有時候無論什麼事都有自己的主張，不喜歡大人的干涉，穿衣服也不例外，但是襯衫穿反、兩隻脚穿進同一隻褲脚、外套歪七扭八，大人看了往往無法置之不理，有時候像小嬰兒一樣要大人穿。眞是沒個準。

認同他的意願

小孩學習新事物的意願很重要，因此就算穿不好，大人也要尊重他想穿衣服的意願。這時大人假如出手幫忙或發聲斥責，都會奪去這個寶貴的意願。

不著痕跡地幫助他

穿不好是理所當然，但為了不破壞他的意願，可以稍微幫助他，讓他穿得順利，但不能直截了當說「來，我幫你」，才不會使孩子討厭。

不要追著他跑

有時候，他可能會特別不要媽媽幫忙、不想依賴任何大人，這時候就算追著他跑也沒有用——當他需要時，就會主動來找你。

在遊戲中教他

「啊，手已經伸出來了」、「接下來呢」、「啊，哪一邊是前面」等像在玩遊戲一般地把遊戲的要素加進穿衣的步驟，小孩一定會很高興、很喜歡。

對小孩而言，手伸出袖子、頭伸出領子、脚伸出褲管，有著難以言喻的滿足感。

以簡單的語言引導

就算他討厭你出手幫助他，若你只是用嘴巴說還不至於產生反彈，例如「接下來是毛衣喲」——請用簡單、清楚的字眼出聲幫他。

又吵又鬧時，媽媽不要動氣

一般來說，兩歲的小孩是一個就算自己不會穿、也要自己穿的年紀，或者忽而像小 baby 一樣撒嬌要大人幫他穿的也不少見；大人幫他穿的時候跑來跑去、又鬧又叫，也是很平常的事。因此，急性子的媽媽或忙碌的媽媽，就會發脾氣，這時候小孩子通常也不甘示弱地反擊回去。

其實大人只要想想這是暫時的事，將會比較輕鬆，因爲到了三歲，他就會主動幫忙穿衣服。

越追越不穿

在後面追著他要他穿衣服，他一定會跑給你追，故千萬不能追他，寧可說「要穿就進來」，然後你就去別的房間，這樣最有效果——他一定會回過頭來追媽媽。就算你不去別的房間，一旦媽媽不理睬他，小孩一定也會繞到媽媽面前來——趁他靠近你的時候，快點幫他穿好衣服。

盡可能待在狹窄的地方

在大房間裡要抓到小孩是一件苦差事，所以說完「穿衣服」之後，盡可能讓小孩站在床鋪、椅子這種小空間上，爲了不掉下去，孩子也就不太會鬧，或想要早點解脫，也會乖乖的。

引領他說出穿衣服的順序

「接下來要穿什麼呢？」、「這個先嗎？還是那個先呢？」要小孩說穿衣服的順序也是教導他穿衣服的一個方法。

孩子能記住穿衣順序，眞是一舉數得。萬一小孩分心了，媽媽可以故意說錯，「不對，是這個啦」，小孩又會專心起來；當小孩累的時候，則由媽媽說「接下來穿褲子」，效果也很好。

鬧得不可開交時，媽媽不妨使出最後一招，就是和他玩，試著像遊戲一樣，說「手出來了，那還有脚呢？」，必定能讓孩子穿好衣服。

扣鈕釦，不是現階段的事

通常兩歲的小孩雖然有穿衣服的熱情，往往沒有耐心且手不靈巧，於是他就會生氣。所以，對小孩而言，自己能扣鈕釦，是一件大事。

事實上，扣鈕釦對兩歲的孩子來說是一大奢求。**一般的標準是過了三歲會解開鈕釦，四歲以後才會扣鈕釦。**

加強手腕和肩膀的運動

三歲的小孩勉勉強強會拿筷子；四歲的小孩會用拇指、食指、中指拿蠟筆——手指變得比較靈巧，因而也會扣鈕釦。由於還未發育完全，在這之前，勉強給小孩手指的訓練，也不見得可以提高效果。

但是手指的靈巧和支撐手指的手腕、肩膀的力量與全身運動機能有密切的關係，所以加強全身運動和手腕、肩膀的力量，雖然有點繞遠路，卻對手指靈巧的增進有益。

練習從三歲開始

太急著要小孩學會扣釦子，只會使他討厭鈕釦；勉強行之，更會徒增困擾。

過了三歲才可以解釦子的練習。先從開前襟的上衣、不厚不薄的質料、直徑接近三公分大的鈕釦開始；然後鈕釦慢慢變小。到了四歲半左右就可以換成一公分半寬、滑順、不厚的鈕釦。

拉鍊代替

近三歲的年齡要用鈕釦眞是有點勉強，倒不如改用拉鍊——只要教會他不要夾到衣服即可。

有些小孩在三歲左右就會扣大的暗釦——可以從娃娃的衣服開始練習。

因爲有壓力，所以排斥洗澡

小孩討厭洗澡的最大原因就是洗澡的時間。對孩子來說，洗澡本是一件快樂、自由的事，可是媽媽通常把洗澡時間放在晚飯前，只想要小孩快點洗好，往往顯露、覺得洗澡是件麻煩的工作。如果把洗澡時間移到晚飯後、孩子睡覺之前，事情就都解決了！

過了嬰兒期，小孩漸漸想要以自己的意志處理洗澡這件事，討厭大人的壓迫。換言之，只要有讓小孩表現他意志的餘地，他就不會那麼討厭洗澡了。

也有一些小孩害怕滑倒、掉到水裡等，但這恐懼將會漸漸消失。

無法好好坐在浴缸的時候，就把他放進嬰兒時期的水盆去；害怕磁磚的話，可以鋪上海綿防滑墊；假如小孩會喝洗澡水，則準備些許飲用水。

親子共樂就是母子同玩

無論多麼沈默、畏縮的小孩，一脫光衣服進入熱水中，也會被解放、高興得亂蹦亂跳，這時候大人可以知道小孩在想的種種事情，小孩也能接收到大人對他的關愛。

若能活用這種開放氣氛下的親子共樂時光，孩子絕對不會討厭洗澡。所以媽媽在這段時間也不要想到家事，甚至可以視爲一天工作的解放。

找來他喜歡的洗澡道具

這時如果有能引起他興趣的小道具，洗澡的討厭程度更降低。一歲左右的小孩喜歡水勺、水槍，兩歲大的小孩喜愛小毛巾、海綿。

分不清洗澡與玩水

剛滿兩歲的小孩常常連手都洗不好，但到了兩歲半，自己會洗澡則是普通的標準。小孩想洗就讓他自己洗，或讓他看大人怎麼洗，皆是重要的學習。

無論什麼事，對小孩來說，都比大人想得要難，可以早點開始練習，不要著急、慢慢來，是最好的方法。

幫孩子區分玩樂和清潔

小孩都喜歡玩水和沙，因爲它們是自由的材料，有輕鬆解放的感覺。

至於洗澡或洗手，由於不能區分是玩樂還是生活習慣，孩子往往忘了洗，而把肥皂放進水中搓啊搓。因此，應另外給小孩玩水的時間——一定要讓玩水的樂趣充分發揮，而洗手和洗澡則是「清潔的工作」，有完成的時間限制。

稍微出聲提醒他

在沈迷於玩水的時候，孩子眞的會忘記自我，這時就要出聲提醒，讓他意識到這件事要告一段落了，因爲只是要他注意，所以還是說些讓他心情好的話，例如「媽媽在等喲」、「來，我看有多乾淨」、「電視現在在做什麼」，或在背部或屁股上輕輕地有節奏的拍拍他，說「已經洗好了」即可。

換個地方洗

小孩若一直玩水玩個不停，可以限制水量，或說「肥皀塗好手就還給我」地要求他。還是無效的話，乾脆把洗臉盆拿到陽台之類沒有水的地方：「要是沒水，就是洗好了，好好洗吧。」——這樣的場合很容易抑制洗澡的意願，必須小心運用。

沈迷於洗澡遊戲，應予「智」止

一歲半到兩歲半的小孩活動力強，同時也是遊戲的創造者，光著身體進入熱水中之後，他會不斷變出新把戲，多少時間給他都不夠，如果大人不管他，他會玩到熱水涼了爲止；加上主張要自己洗，所以大人一旦要他停止，通常會抗拒。

不要說「我幫你洗」

不要說像「我要幫你洗澡了，乖乖不要動」這類禁止他活動的話，因爲一定會得到「不要」的反抗。還不如給他可能著迷的東西，例如要他洗水龍頭、臉盆、娃娃等，大人趁這時候趕快幫他洗好澡。假如一直動個不停，就讓他站在澡盆或洗臉盆中間，給他玩耍的材料。

派給他任務

與其「什麼都不可以」，還不如「把這弄乾淨」、「把你的手腳洗乾淨」地給他任務。

給他塗好肥皂的海綿，讓他洗身體，「手，然後胸部，接下來脚」，同時告訴他洗澡的順序，一舉兩得地幫助他。

出澡盆要快

遊戲玩到某種程度時，雖然小孩比較不會抗拒，但最後若不顧小孩的心情硬要他出澡盆還是會失敗的。

和小孩先約定好，例如「沖蓮蓬頭後要出來了」或「用冷水洗臉後要起來了」同意後，就照著實行，這時候可能會有少許的抗拒，「啊，已經好了，沖過蓮蓬頭了哦」抱起孩子，馬上出澡盆，免得他後悔。

兩人同心，效果更佳

幫小孩洗澡的大人和在外等候的大人，若能同心協力的話，事情就會更加簡單。「果汁在等著你喲」、「來，擦米老鼠大毛巾」在外面出聲引誘他，通常小孩就會出來了。

討厭洗手、臉，多是由於太頻繁

要小孩養成清潔的習慣是相當困難的，和其他的生活習慣相比起來（如吃飯、睡覺等）——由於小孩自己沒有清楚的要求，加上大人文化上的習慣壓制，清潔問題也就很難實行。

對孩子不要太潔癖

特別是大人一直神經質地說「好髒、好髒」「去洗手」，小孩會因覺得囉唆而反抗；即使不覺囉唆，不斷聽到這樣的話，小孩也會不知不覺感染這樣的情緒，變成比較神經質。

一看到他的臉就說「去洗手」，實在太嘮叨了。原則上，吃飯、吃點心之前、從廁所出來、從外面回來可以注意一下，若只是有點髒或正在玩的時候，就默許吧。

雖然兩歲半左右就會開始自己洗手，但到了四歲左右還不會自己洗臉，是很平常的事，大人不要覺得麻煩而幫他洗，可是應注意不要讓肥皀跑進去眼睛，否則他就會討厭洗臉了。

讓他容易洗

洗臉台很高、水流進去袖子裡面，都會使洗臉變得討厭。你應該先準備個小椅子，讓他容易清洗。

另外，肥皀盒造型、毛巾圖案也可以依小孩的喜好稍微改變，吸引他的興趣。

確定已經洗乾淨

當小孩覺得已經洗乾淨要媽媽看，媽媽這時要仔細地看，「眞的洗乾淨嗎？背面、指縫呢？」細微的地方也要確認是否已經洗乾淨。

如果幫他洗臉，也一定要讓他站在鏡子前面看清楚「已經洗乾淨了」。鏡子最好和小孩的身高等高，讓他比較骯髒的臉和乾淨的臉的不同，使他感受到乾淨的喜悅。

當然大人在確認孩子洗淨之後，要表現出高興的樣子。

一次進水，從此抗拒洗頭

很多小孩在兩歲左右會討厭剪頭髮、洗頭髮。因爲這是一段被壓制的時間——長時間坐著不動來洗頭髮，當然討厭，而且水常常會跑進眼睛或耳朵，在這個理解力不足的年紀，難免產生恐懼感。

因此快手快脚幫他洗頭髮，不讓他有恐懼感是重點。

用具、心情都要先準備妥當

*小孩的頭髮就算早上梳過，後腦勺的頭髮還是會糾纏在一起，所以洗頭髮之前，先梳開頭髮。若孩子非常膽小，可以把頭髮剪短一點，就比較容易洗了。

*準備兒童專用、刺激性較弱的洗髮精、潤絲精。

*預備三、四條乾毛巾，洗了臉、洗了頭之後趕快拿乾毛巾抹乾。因此

應擺放在附近。

＊不討厭洗頭的小孩可以在耳朵塞棉塞。準備蛙鏡、洗頭用的帽子等讓小孩安心。會讓孩子高興當然很好，但如果太小題大作，反而會使小孩倍感壓力。

＊事先的接受是很重要的，不能不說就洗，也不要突然「今天要洗頭嘍」。

＊媽媽一起洗澡時，洗頭變得很簡單。

防止水與洗髮精流入眼睛

＊先在你的手上抹洗髮精與少許水，輕輕地按摩他的頭部。洗髮精若跑進眼睛是很糟糕的事，所以先把毛巾摺小、用左手抓著，準備擦拭額頭。

＊讓孩子坐在媽媽的腿上，後腦勺用左手托住，靜靜、緩緩地沖熱水（孩子會怕的話，可以先用毛巾蓋住額頭），眼睛、鼻子、耳朵都不能讓熱水流進去，因此要眼明手快一點地常用毛巾擦。熱水不能太熱或太冷，以大人手肘覺得有點溫的溫度感覺即可。也有小孩討厭下半身垂在磁磚上，這只要用大毛巾包起來就解決了。

＊潤絲精進入眼睛也很煩人，愛跑愛鬧的小孩最好不用。

＊「現在要用洗髮精了」、「然後要沖水了」，先用言語告知，會讓孩子比較安心。

第5章

語言與溝通
爲一生的EQ打基礎

營造優質的語言起跑點

一到兩歲是說話的起跑點。雖然現階段小孩能使用的語言都很幼稚，但其未來言語發展的先遣準備大致將完成。

今後孩子使用的語言不只包括言語的問題，還具有吸收各種知識及與各種人溝通的能力，是其成長發展的重要工具。

洞悉語言發展的先遣準備

這時候的小孩會說各種單字，雖然不清楚在說些什麼，但和嬰兒時代喃喃自語相比，已經具備了言語的發展條件。這些言語出發的先遣準備原則上包括下列條件：

◎說前的溝通　大人和小孩說話，小孩雖然不會答話，但卻可以接受到大人的訊息，而大人也能理解小孩的反應，所以這可以說是開口說話以前的溝通。

◎發音的規則　說話有一定的發音規則。小孩透過反覆聽大人說話，學會一套發音的規則。這種型式的理解和模仿，也是一項先遣準備。十個月左右小孩就會發音，會說各式各樣的單字。例如「ㄅㄚˊ ㄅㄚˊ」、「ㄇㄢˊ ㄇㄢˊ」、「ㄅㄞˊ ㄅㄞˊ」、「˙ㄋㄟ ˙ㄋㄟ」。隨著發音能力的進步，詞彙也漸漸發達。

◎辭彙的意義　雖然懂卻不會說是這個時期常有的狀態。通常小孩在自己說話之前，會先理解別人所說字句的含意。

◎開口的意願　以上條件再加上想要說話的意願，就可以開始朗朗上口了；若無意願，則只會一些字句，並不能實際活用。

給孩子適切的初期言語教育

另一方面，在起跑期大人還是要細心留意以下的言語教育：

＊適當地給他刺激，不要因爲自己覺得囉唆、麻煩或有鄉音就不說，要多多和小孩說話。

特別是在拿東西過來時，要說出正確的東西名稱；在具體的場合說適當的話，例如「晚安」、「做好了」。

＊請說明確、清楚的字彙。一歲的小孩只會一個音節或兩個音節的話，所以不能對他使用大人間意義模糊的字詞。

＊保持好心情聽他說話。就算小孩說沒有意義的話、問一些煩人的問題，你還是要做爲他說話的對象，一旦他有想要說話的意願，就會產生良好的推動氣氛。這對加強會說話以前的溝通尤其重要。

＊開始說話的時候，大人不要太神經質、太在意，否則小孩可能有口吃、不會說話的危險，同時也要特別觀察聽力、發音是否異常，如果發現有異，趕快去治療——這種情形千萬不要自行判斷，讓專門的醫生來診治才對。

親子溝通好，自信高、人際佳

人際關係是言語教育的重點，而親子間的溝通是其關鍵。

父母和小孩在一起時，要給予他眞心的笑臉和視線，大力地擁抱他，和顏悅色地與他說話，讓彼此都十分享受這樣的氣氛。而且對於小孩的呼喚、動作，也要能及時地答應。

但是父母也有自己的事與情緒，因此在你心情、臉色不好的時候，即使小孩用溫柔的聲音叫「媽媽、媽媽」，寧可不要勉強回應，因爲你可能在受不了的時候，失控地大吼「囉唆，剛剛就聽到了」等等，這時候小孩會誤以爲一定是大人討厭自己了或是他做錯了，造成幼小心靈的創傷。

一、兩歲的小孩還很幼稚，無論什麼事，父母的溝通、支援是很重要的。

學者深信，和父母間產生的情愛，是左右人一生的重要基礎。

這段期間，小孩被父母所愛，**在溫柔的溝通中得到安定的情感，**自信自己受到必要的照顧和充分的保護，**不僅能維繫和父母較深的信賴，也會對今生遇到的人，建立充滿信賴、善意的關係。**

小孩心中還會產生這樣的自信，「我是一個受爸爸媽媽疼愛、喜歡的孩子，那我一定是一個好孩子」，換言之，**他會相信自己是好孩子。**

自信的幼兒愛學習

自信的小孩具有高度的自發性學習，他對眼睛所見的事物都好奇，想要一個接一個吸收，對周圍的事物不厭煩地探詢，並一一接受。

擁有良好親子溝通的小孩會很愛父母，對父母的關心較高，「爸，你在說什麼，我想再聽一次」、「我喜歡媽媽，讓我看著妳」等。

另一方面，別人看了會覺得不可思議，父母可以從過去孩子的語言汲取經驗，推測他現在的話，所以媽媽知道「寶寶想回家了」、「不用說也知道」。以往的親密溝通也可以用來教育小孩的語彙。

每個小孩的個性不同，和育兒書中寫的一模一樣的少之又少，因此父母更要與小孩個別做更深入的溝通，思考適合孩子的教育和相處方式。

祖孫情誼很珍貴

「祖父母眞的很疼小孩，我高興之餘卻又覺得自己與小孩之間好像擠個人似的，還有當我很認眞在教小孩時，往往和他祖父母的意見相左。」一位母親這樣說。

小孩或許想的和妳不同。對孩子來說，**承受父母之外的愛意和善意，使他們有很大的滿足感。**

一、兩歲小孩的社會很小，和外人交往的機會很少，所以與祖父母及其他家人的溝通是很珍貴的。

和祖父母溫暖的、溫柔的、細緻的溝通，正是一、兩歲小孩最喜歡的。這樣一來，他會把從父母之外的人所得來的溫柔——祖父母正是最佳模範，傳達給別人。

在這個缺乏溫柔與信賴的現代社會，我們應該多給孩子一些和父母之外的人的良好溝通教育。不需要太早教給小孩緊張和恐懼感，對他的人格與人際發展只有負分。

嬰兒期是可以被寵的時期，而一兩歲則是可以撒嬌的時期。

和祖父母的溝通就有充分撒嬌的條件，小孩會因而更有安全感，又常被祖父母稱讚，漸漸變成一個好品格的人。撒嬌也有提高人際溝通的效果。

與忙碌的父母相比，祖父母更能成爲孫子的玩伴，雖然說話不夠淸楚，可是他們會愉快熱心地聽，對小孩又很和藹。和善於聽別人說話的人共處，會提升小孩說話的意願，使說話更進步。

聽得懂卻不會說的時間，孩子各不同

三、四個月大嬰兒的「喃喃自語」是一些不成話的音，到慢慢出現和說話相似的發音是在六、七個月大的時候，說話的音連結有一定的意義則是要到十一個月大以後。

因此一歲開始使用的語言十分幼稚，只能說是單字。另外，主要是一些用聲音模仿的、不能通用於父母、家人之外的字彙，如動物、交通工具，換言之，一歲小孩的語彙中，有六十三%是擬聲語。

然而他們語彙進步急速，到了兩歲，發音、語彙、名詞、意願的表現都能進展到不太會用錯的程度。

就算理解也不見得會說

小孩通常在說自己的話之前，要先了解別人話中的意思。

他們先是理解、接受，在心裏重複一次，然後才發表自己的意見。「了解卻說不出來」是語彙表達初期常有的事，不用太擔心。

簡單明瞭就是好

孩子的語彙會因大人的動作而成長，所以看到東西時或有明確行爲時，請你說簡單明瞭的話，例如「麵包」、「再見」等，盡可能避免意義模糊的字彙、長句或不清楚的發音，小孩會把這些聽到的字彙記住，成爲以後字彙的範本。

做個認眞講話的對象

覺得麻煩不和小孩說話，覺得囉唆不做小孩說話的對象，皆會妨礙小孩語彙的成長，更不要認爲「反正他就是聽不懂嘛」。除了認眞當他講話的對象之外，同時不要忘記態度要和藹，並在安全的氣氛下進行。

注意他們有無學習障礙。聽不見的小孩及唇顎裂的小孩一定要早點接受專家的指導。

怕生，使孩子不與陌生人說話

兩歲三個月大的時候，小孩和家人說話一般都已經非常順暢（而被認爲語言發展很順遂），可是與不熟悉的人相處，則是另外一個樣子——就算很會與親密的家人講話，只要環境、人不習慣，孩子就會有壓迫感，變成不會說話。

因此，能和任何人、在任何地方說話，是社會性已經相當發達的表現。社會性在三歲之前是不太會成長的，所以期待兩歲左右的小孩能與外人說話，是有點說不過去。

從兩歲半左右開始，是思考和社會性成長的起步，請注意下列幾點：

習慣外面環境

爲了讓小孩習慣外面的環境，媽媽要創造各種外出的機會。剛開始可以帶小孩去附近親戚、朋友家散步，或到鄰近商店買東西。

最初去不習慣的場所可能會緊張，漸漸習慣了之後，緊張感就會消失，這時候即使帶他去沒去過的地方，也能很平靜、正常地說話。

增加和外人熟悉的機會

和場所一樣，熟悉外人也很重要。

只有大人、沒有其他小孩的家庭，小孩比較難習慣和自己同齡的小朋友相處。這也是時下小家庭的普遍現象。如果可能，可以從朋友的小孩子讓他認識起，一旦習慣之後，就能記住小朋友社會的語言。

學習正確通用的語言

家中若老是用嬰兒階段的特殊語言，一出門，孩子很容易因爲被外人笑、或對方聽不懂、或自己覺得不好意思，就不說話了。所以不但要使用正確的字彙，也要考慮是不是要用很奇怪的用語。

不善於和別人玩耍

一、兩歲的小孩會一直看著別人，對別人展現很大的興趣。這時候父母的朋友可以出聲和他說話，以培養他與人溝通的能力。只要習慣外人、習慣外面環境，有社會的抵抗力，孩子就能沈著行動。

他們對同年齡的小孩會有特別的興趣和注意，但是卻不知道該怎麼玩、該怎麼說。有的小孩比較積極，會靠近別的小孩、試著壓住他、想把他的東西拿過來、拉耳朵或手，這樣的動作雖不會馬上讓這個小孩哭泣，但常常使他呆呆地站著不動。

這是不會熟練地表現自己的意志、對對方的想法不能理解的表現，可說是社交的第一階段。

因爲一、兩歲孩子的另一個特徵是，還未學習到處理人際關係的技巧。所以如果期待小孩現在很會與人玩耍，未免有點太早了。

不要勉強小孩去玩

遊戲這件事會因小孩身心的發展而有不同，亦即一、兩歲小孩的玩法和三、四歲小孩的玩法當然不一樣，因此不要勉強他用較大孩子的玩法來玩。

一、兩歲小孩的玩法通常是先要努力知道對方，然後再努力成爲對方，於是他會一直看對方，欺負他、壓他、拉他。對於這個不太會玩階段的孩子，無論什麼事情自然最重要，大人不要強迫他玩。照顧太多，小孩會覺得你雞婆。

不用急著強行拉開

一看到壓拉、哭泣或糟糕的遊戲方法時，大人往往就想拉開他們。若馬上拉開的話，因爲彼此可能仍有興趣，小孩反而會覺得可惜。

即使你覺得玩法拙劣，還是請不要任意妨礙他們的遊戲，除非是嚴重的欺負或很無理的事情發生，則可以稍微拉開，但仍要發揮大人的溝通調節功能，馬上讓他們繼續玩。

還在說嬰兒期的言語，毋須強行矯正

從前似乎有這樣的說法，就是小孩剛開始記憶字彙的時候，爲了讓他使用正確的字彙，大人不要用嬰兒期的字彙，而如果小孩用嬰兒的字彙發問，也不回答；但現在似乎不認同，語言的教育最重要的是不可壓抑小孩想要說話的意願，若爲了要小孩早點會說正確的語彙，就有特別的要求，反而產生反效果。**總之，無論是嬰兒時期的字彙或是任何表達字眼，孩子能自由地講話，才是語言成長的關鍵。**

大人可能會想到，既要學嬰兒的字彙、又要學正確的字彙，會不會造成孩子的負擔？事實上，嬰兒的字彙是小孩子語言發育的自然狀態，剛開始並不是負擔。只要配合你小孩發育的順序，也就沒有一點勉強了，他自然慢慢會說正確的字彙。

漸漸學會

一歲左右的時候，開始和小孩說話的大人，若使用小孩較會用的嬰兒字彙比較好；但過了兩歲，你應漸漸少用嬰兒的字彙——這時是小孩用嬰兒的字彙，大人用正確字彙的階段；三到四歲，雙方大致上都會改爲正確的字彙，配合發展順序，就會慢慢學會。

停止嬰兒期的對待方式

不只是語言，小孩全部的生活都必須從嬰兒期蛻變，假如你還是用嬰兒時期的模式對待他，那孩子可能永遠不會長大。通常只要大人以年齡相對應的方式對待孩子，但不要刻意要他更改嬰兒的言行，在某一天就會改變了。

發現語言障礙盡早找專家

一直在等待，可是孩子卻始終改不過來嬰兒期的語言，大人就要想到是否有不能正常發音的語言障礙問題，例如發音和正常小孩比起來非常奇怪或很慢，請馬上找專家，因爲一般人很難判斷，不能光只是擔心而已。

一直問「這是什麼」

一歲半到兩歲的小孩常會「這是什麼？」、「那是什麼？」地一直問，而不會說「什麼」的小孩則會說「嗯」、「啊」，代表他想知道名稱的意思。從這時開始是小孩語彙快速成長的階段，但初期會集中在東西的名稱上——這稱爲「發問第一期」。四、五歲的疑問句，則稱爲「發問第二期」。

本時期的問題內容單純，不會有讓大人困擾的問題，但因爲有點囉唆，任誰也會覺得煩，然而這是小孩理解東西名稱並記住的機會，請務必保持耐心。

不論問幾遍答案都要相同

不論問幾遍、不論問誰，用相同的誠意回答是最重要的。小孩第一次當然不懂、也記不住，所以一定要教他很多次。

無論問幾次得到的都是相同的答案，小孩才會確信「眞的是這樣」。相反的，如果大家都隨便回答，會讓他很困惑，因此家庭中成員的答覆一定要一致，東西的叫法也必須相同。

也要反問孩子

不要只是被小孩問，反過來由大人發問也是一種方法。

孩子如能正確回答，就要說「對」來肯定他，或說「記得好淸楚喲」來誇獎他，他將會相信這個字也通用於外人。而且不只是問字彙，看到實物時也問他，讓他跟著學會不同的知識。

盡快回答

「囉唆」、「又是這個」、「剛才教過了呀」、「還沒記住？」等責難小孩的反應是很危險的事，會使他開始討厭發問，因而喪失學習的機會。請努力快問快答，並保持和顏悅色。

愛插嘴，起因於不想被忽略

兩歲小孩不可忽略的特徵之一就是「想要作主角」。和外人接觸的場合，就算還在認生，卻可能視作在自己家裡那般妄自尊大，不以自我爲中心就不能滿足。這種情形不僅是在說話的部分，所有的場合都是如此，甚至要求大人照自己的意思做。

這是兩歲的小孩開始有自己的想法、想要實現獨立性的證據，未必是頭痛的事，而且多注意大人的話，也有助於小孩語言能力發展。

爸爸回家，先和小孩說話

爸爸回家的時候總是先和媽媽說話，如果可以體察小孩的心情，應該要先和小孩說話。對小孩來說，和爸爸說話，是一種歡迎的表現，而且只要和他說話、抱起他，就會馬上滿足他，然後爸爸就可以慢慢和媽媽說話。如果爸爸沒注意的話，媽媽可以「寶寶等很久了喲」來提醒爸爸。

承認他的存在

大人正在講話的時候，小孩插進來說話，這表示他在小朋友的同伴中受到忽略，問他「小朋友想要什麼？」、「媽媽覺得是這樣，對不對？」等，聽他的意見，但不能一定要他回答似地給他壓迫感，只是表現承認他的存在即可。

重要的話在小孩子不在的時候談

在這種情況下，大人之間非常重要的話就不要在小孩在的時候說，等他睡了之後或不在場時再慢慢談。幸好這個時期的小孩已經可以一個人玩，就寢時刻也早，大人比較有談話的時間。

過了三歲之後，和朋友的交往會更加豐富，慢慢養成聽別人說話的態度，可是仍然以自我爲中心，在爸爸媽媽說話的時候，還是常會因爲吃醋而想要插話。

聽見孩子說髒話，不要動聲色

兩歲的小孩通常不能區分正確的、高尚的字彙，和不好的字彙。

如果反覆教導，他會慢慢記住其之區別，但由於處在語言發達的重要階段，有誰教了他不好的字彙，他往往就會記下來。特別是這些不好的字彙若是在印象強烈的場合聽到，或是字詞比較單純，就具有容易記住的條件，而且使用這些字彙時，大人通常表現得嚇一跳、又笑又阻止，或是很慌張，小孩就會以為有使用的價值。

或者，有時候媽媽老是叫不理，可是只要用了那些話，媽媽馬上跳起來回答。小孩看到了，就可能覺得很好玩而下次再說。

不要著慌

因此，小孩說髒話時，大人不要著慌，要正確地指導。你越慌，小孩越會覺得使用這句話眞有效果。

過了三歲之後，「那是不好的字喲，正確的是這個。」進一步教他正確的字是一種方法。但這種方式對兩歲的小孩反而更沒效果，因爲他一下子就忘記了。

不要有什麼反應是比較好的應對；如果沒有人當他的對象，他自己就會覺得無聊而停止。

哥哥姊姊正向的指導

更要注意的是覺得這些話很有趣而去教他的兄長。這時父母不要只是阻止地說「不行」，而要引導兄長採用積極的指導法，「再教妹妹各種名字啊」，讓兄長進一步協助教導弟妹。阻止他、導致他生氣，是最不好的結局；依賴他的協助，他會很得意來指導弟妹。

客人來的時候先介紹

小孩最喜歡客人，因爲客人多半會慢慢聽他說話、當他說話的對象，因此越不讓他接近客人，反而越引起他的興趣，髒話於是脫口而出。其實只要當一會兒他說話的對象，多半馬上就會膩了，自己跑到別的地方去玩，所以客人一來，就介紹「這是大寶」，讓客人先注意一下小孩。

小孩「口吃」，越擔心越糟糕

擔心「突然小孩就口吃了」的父母非常多，一般是兩歲半到三歲之間最多。

這段期間小孩的成長是很驚人的，語彙、表現意願急速進步，但這也是語言非常不安定的時期，措辭弄錯、意思弄錯、著急、緊張等混亂及動搖不斷發生，在這種狀態下大人難免聯想到口吃。不太在乎的父母會說「好像是口吃」，但神經質的父母就開始擔心「口吃怎麼辦」，有這樣父母的小孩往往眞的變成「口吃」。

大人憂心忡忡地看著小孩的臉，並時時注意他，會讓小孩更不安與緊張、話更說不好，於是從父母想「可能是口吃」，到「終於是口吃」，陷入惡性循環。

理解這時期的語言能力

理解這個時期的語言是一件重要的事。雖然具有想說話的強烈意願，但他會使用的語彙數量實在很少，所以常常反覆、發音欠正確、急著要想出來，因此好像阻塞、被拉住似的。這不是口吃的初期徵兆，而是要記住語彙的第一步，是正常狀態，不需擔心。

不要出現擔憂的態度

常常聽到「不要口吃」這類字眼，會讓小孩很困擾；也不能因爲希望小孩早點會說話，就一直嘮叨要他注意。應該盡可能在穩定的氣氛下，慢慢聽他說話，就算有一點點奇怪，在小孩面前也不要就他的話做話題，引起他不必要的緊張和不安，更容易造成口吃。

相反的，如果眞的是口吃了，亂用民間療法只會徒生困擾，因爲通常只要過了這個時期，大多會痊癒。假如你眞的很憂心，還不如趁早請專家診斷。

國家圖書館出版品預行編目資料

怎樣教好1～2歲孩子／品川不二郎，品川孝子合著； 黃惠如翻譯・－－第一版．－－臺北市：文經社 1998〔民87〕面；　公分．－－ （文經親子文庫；D10001） ISBN 957-663-211-0（平裝） 1.育兒 428　　87012719

文經社

文經親子文庫 D10001

怎樣教好1～2歲孩子

著作人－品川不二郎・品川孝子
責任編輯－康敏鋒　　翻　　譯－黃惠如
校　　對－高毅堅　　封面設計－張泰瑞

發行人－趙元美
社　　長－吳榮斌
總編輯－王芬男
企劃編輯－康敏鋒
美術設計－莊閔淇
出版者－文經出版社有限公司
登記證－新聞局局版台業字第2424號

＜總社・編輯部＞（文經大樓）：
地　　址－台北市 104 建國北路二段66號11樓之一
電　　話－（02）2517-6688（代表號）
傳　　真－（02）2515-3368

＜業務部＞：
地　　址－台北縣 241 三重市光復路一段61巷27號11樓A
電　　話－（02）2278-3158・2278-2563
傳　　真－（02）2278-3168
郵撥帳號－05088806文經出版社有限公司

印刷所－松霖彩色印刷事業有限公司

法律顧問－鄭玉燦律師　（02）2369-8561

發行日－1998年 10月第一版第 1 刷
　　　　1998年 11月　　　第 2 刷

定價／新台幣 150 元　　Printed in Taiwan

文經社

文經社

文經社

文經社